DK 小猛犸童书

儿童趣味百科

MATHS NO PROBLEM!

英国数学真简单团队/编著　华云鹏　王盈成/译

DK儿童数学分级阅读 第一辑

认识100以内的数

数学真简单！

電子工業出版社
Publishing House of Electronics Industry
北京 · BEIJING

Original Title: Maths—No Problem! Numbers to 100, Ages 4–6 (Key Stage 1)
Copyright © Maths—No Problem!, 2022
A Penguin Random House Company

版权贸易合同登记号　图字：01-2024-1980

图书在版编目（CIP）数据

DK儿童数学分级阅读. 第一辑. 认识100以内的数 / 英国数学真简单团队编著；华云鹏，王盈成译. --北京：电子工业出版社，2024.5
ISBN 978-7-121-47658-7

Ⅰ. ①D…　Ⅱ. ①英… ②华… ③王…　Ⅲ. ①数学—儿童读物　Ⅳ. ①O1-49

中国国家版本馆CIP数据核字（2024）第070433号

出版社感谢以下作者和顾问：Andy Psarianos, Judy Hornigold, Adam Gifford和Anne Hermanson博士。
已获Colophon Foundry的许可使用Castledown字体。

责任编辑：翟夏月
印　　刷：鸿博昊天科技有限公司
装　　订：鸿博昊天科技有限公司
出版发行：电子工业出版社
　　　　　北京市海淀区万寿路173信箱　　邮编：100036
开　　本：889×1194　1/16　印张：18　字数：303千字
版　　次：2024年5月第1版
印　　次：2024年11月第2次印刷
定　　价：128.00元（全6册）

凡所购买电子工业出版社图书有缺损问题，请向购买书店调换。若书店售缺，请与本社发行部联系，联系及邮购电话：（010）88254888，88258888。
质量投诉请发邮件至zlts@phei.com.cn，盗版侵权举报请发邮件至dbqq@phei.com.cn。
本书咨询联系方式：（010）88254161转1821，zhaixy@phei.com.cn。

www.dk.com

目 录

鲁比　　艾略特　　阿米拉　　查尔斯　　露露　　萨姆　　奥克　　霍莉　　拉维　　艾玛　　雅各布　　汉娜

20以内数字的计数和书写

准备

拉维有多少个积木?

举例

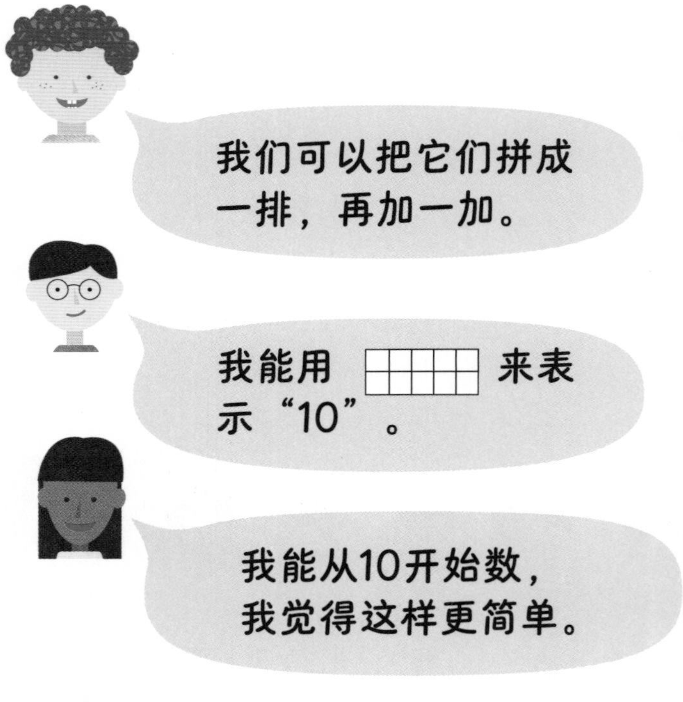

我们可以把它们拼成一排,再加一加。

我能用 ⬚⬚⬚⬚⬚ 来表示"10"。

我能从10开始数,我觉得这样更简单。

拉维有14个积木。

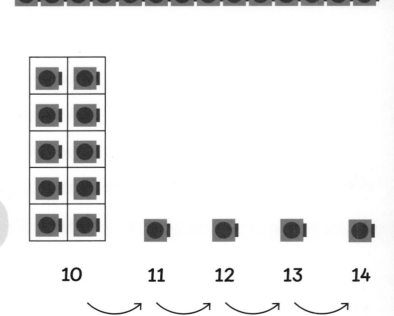

练 习

1 从10开始数，并练习写出这些数字。

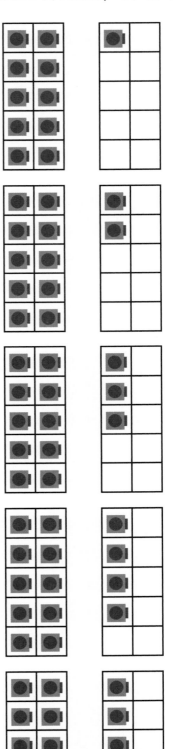

11   十一

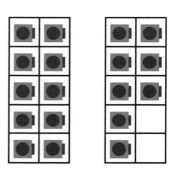

2 连一连。

12	十五
11	十二
14	十四
15	十八
20	十六
18	二十
16	十七
19	十一
17	十三
13	十九

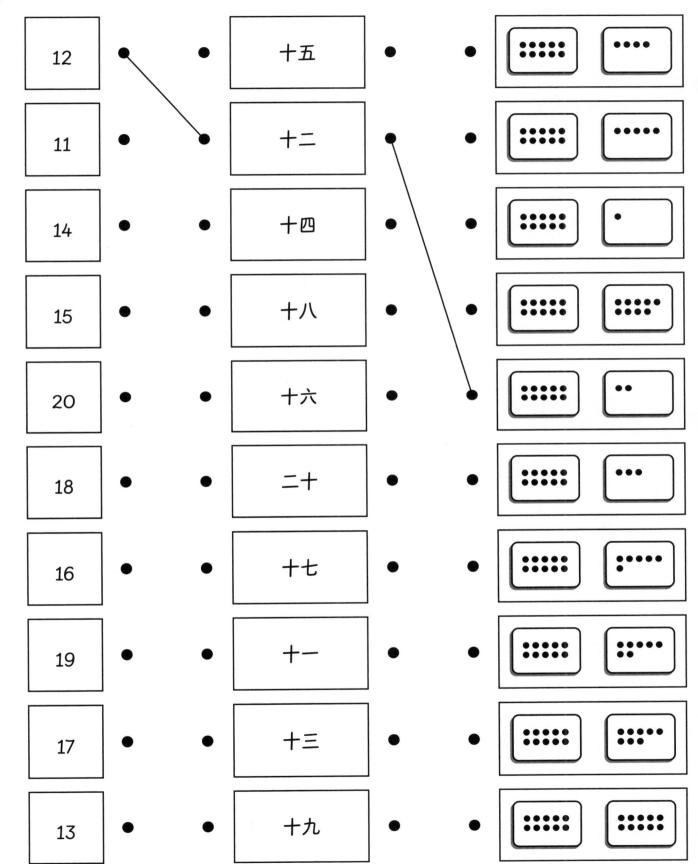

比大小、排排序

准 备

农夫要采摘水果了。哪棵树的果实多一些？多了几个？

举 例

1

从10开始数，数一下这里有多少个柠檬。

10个柠檬

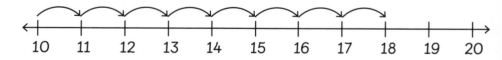

一共有18个柠檬。

从10开始数，数一下这里有多少个橙子。

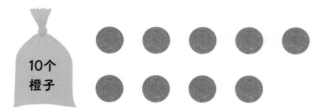

10个橙子

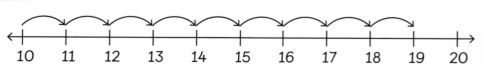

一共有19个橙子。

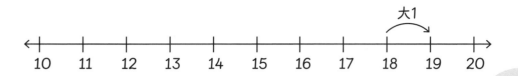

19比18大1。

橙子树的果实多。

橙子树比柠檬树多1个果实。

18比19小1。

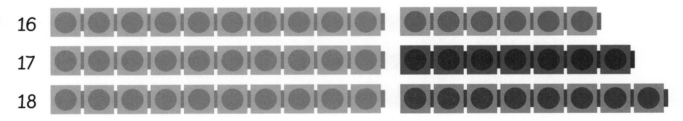

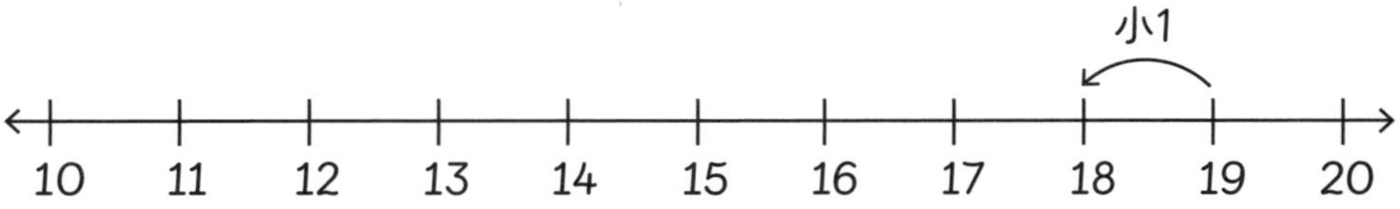

柠檬树比橙子树少1个果实。

我们也可以说，柠檬树的果实比橙子树的少。

2

16

17

18

最少的积木是16块。

最多的积木是18块。

17比16大1，17比18小1。

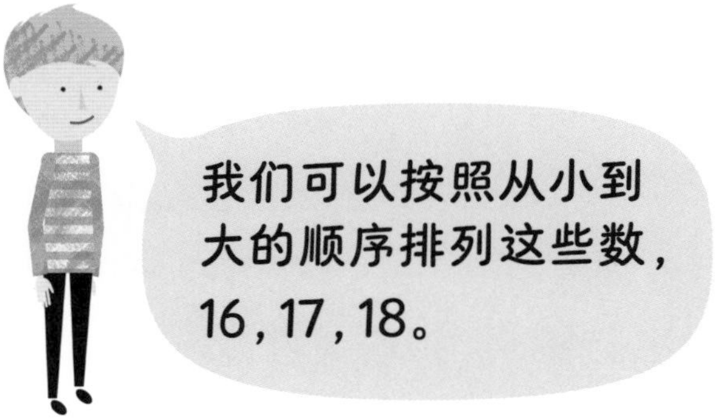

我们可以按照从小到大的顺序排列这些数，16，17，18。

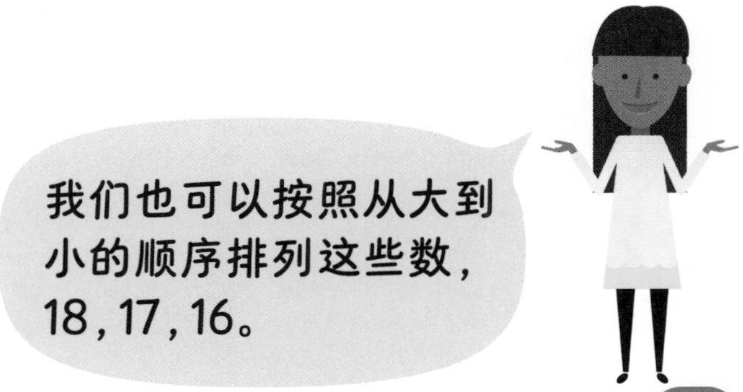

我们也可以按照从大到小的顺序排列这些数，18，17，16。

练习

1 用“多”或“少”填空。

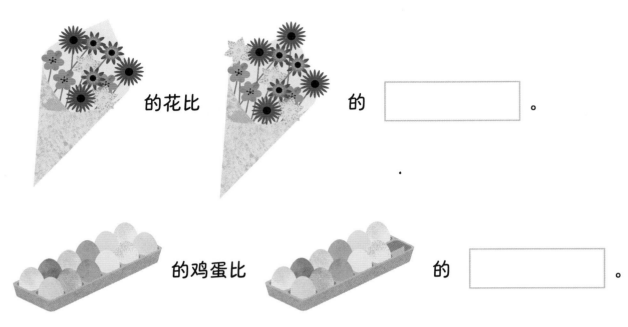

的花比 的 ______ 。

的鸡蛋比 的 ______ 。

2 (1) 圈出玩具多的一组。

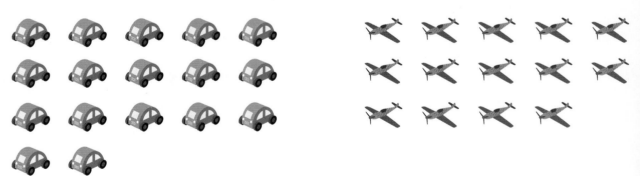

(2) 圈出花朵少的一组。

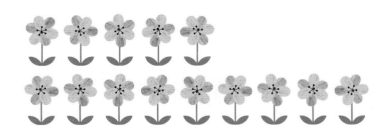

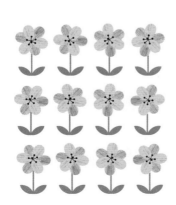

3 按从小到大的顺序排列下列各数。

(1)

| 13 | 11 | 18 |

☐ ☐ ☐

(2)

| 20 | 14 | 13 |

☐ ☐ ☐

4 按从大到小的顺序排列

下列各数。

(1)

| 15 | 19 | 12 |

☐ ☐ ☐

(2)

| 17 | 12 | 16 |

☐ ☐ ☐

5 比较17、12和19的大小

(1) 最小的数是 ☐ 。

(2) ☐ 是最大的数。

6 将答案填在空白处。

(1) 12, 11, 10, ☐ , 8, 7

(2) ☐ , 19, 18, 17, 16

(3) ☐ 比17大1。

(4) 14, ☐ , ☐ , 17, 18

(5) ☐ , 17, 18, 19, ☐

(6) ☐ 比19小1。

学做加法

准备

要开派对了，汉娜和萨姆都买的小蛋糕。

现在一共有多少个小蛋糕？

举例

1

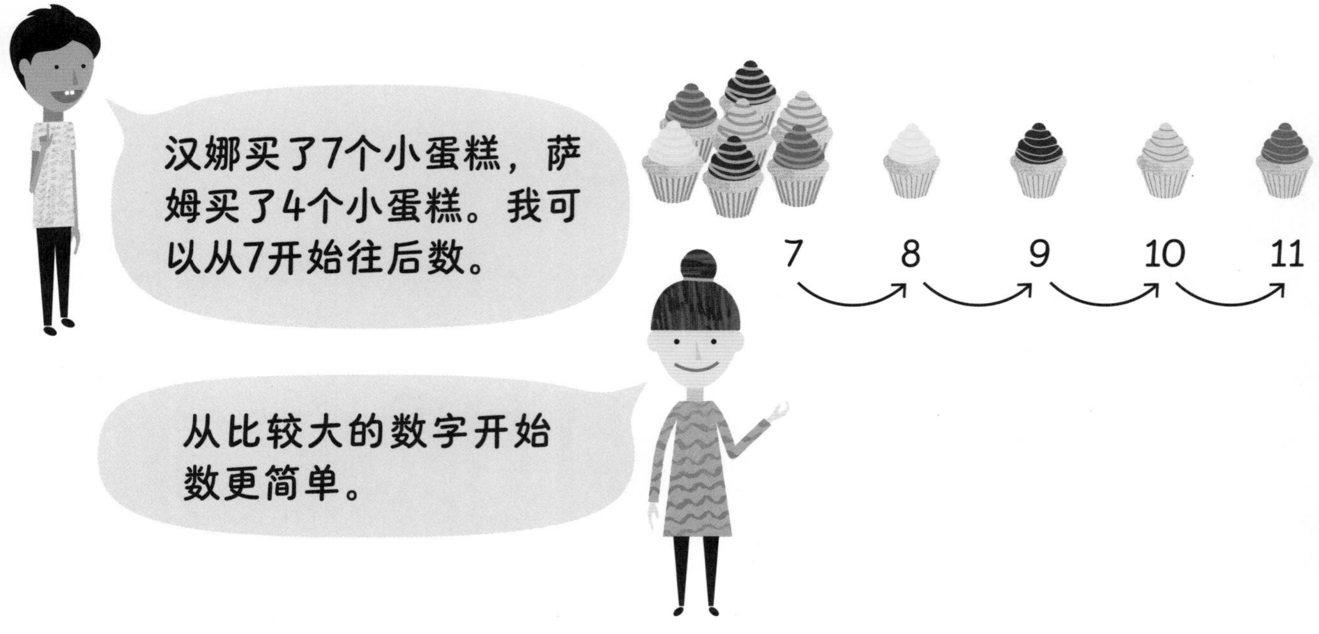

汉娜买了7个小蛋糕，萨姆买了4个小蛋糕。我可以从7开始往后数。

从比较大的数字开始数更简单。

7　8　9　10　11

我能用凑10法算出一共有多少个小蛋糕。

4可以分成3和1。我可以把这个3和7加在一起，就凑成了10。

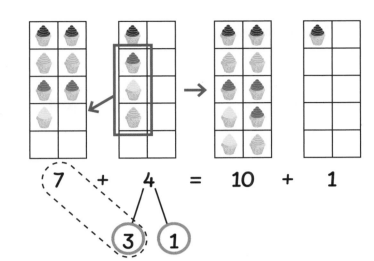

$$7 + 4 = 10 + 1$$

3 1

一共有11个小蛋糕。

 2

拉维拿来12根香蕉，霍莉拿来6个苹果。

他们一共拿来多少个水果？

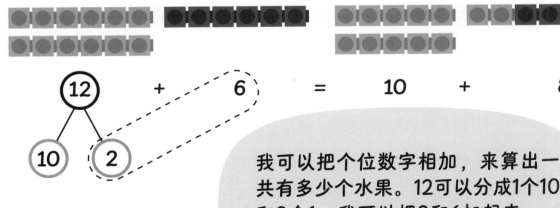

$$12 + 6 = 10 + 8$$

10 2

拉维和霍莉拿来了18个水果。

我可以把个位数字相加，来算出一共有多少个水果。12可以分成1个10和2个1，我可以把2和6加起来。$2 + 6 = 8$，我有1个10和8个1。

练习

1 往后数，加一加，可以用数格来帮助你。

1	2	3	4	5	6	7	8	9	10
11	12	13	14	15	16	17	18	19	20

(1) $9 + 3 =$ ☐　(2) $3 + 8 =$ ☐　(3) $16 + 2 =$ ☐

(4) $8 + 4 =$ ☐　(5) $11 + 5 =$ ☐　(6) $3 + 17 =$ ☐

2 参照第 (1) 题，运用凑10法。在格子内填色并完成填空。

(1)

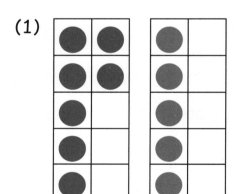

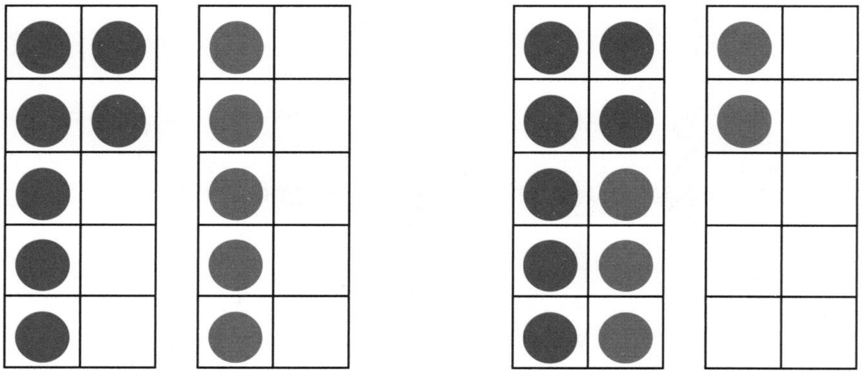

$7 + 5 =$ 12

(2)

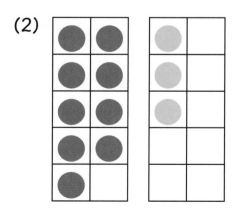

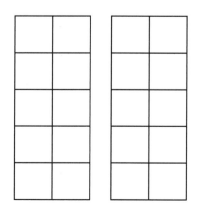

$9 + 3 =$ ☐

(3)

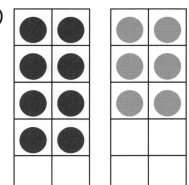

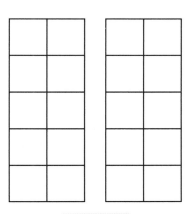

8 + ☐ = ☐

(4)

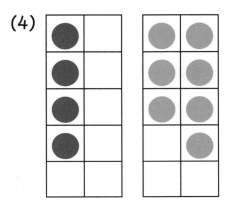

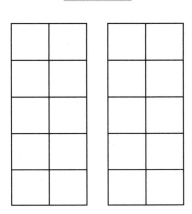

☐ + ☐ = ☐

3 将个位数字相加，然后把答案填在空格里。

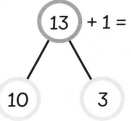

(1) 13 + 1 = ☐

10
3

(2) 1 + 12 = ☐

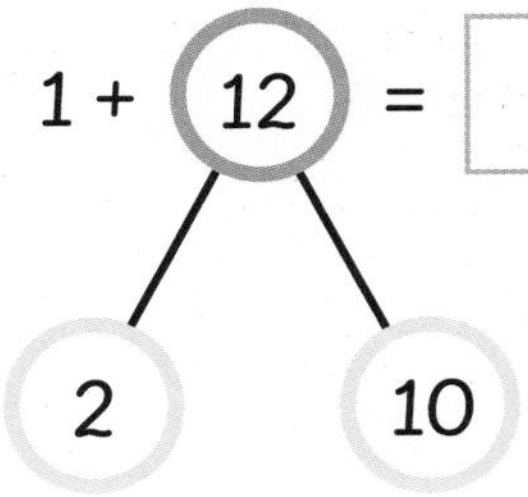

2
10

(3) 15 + 5 = ☐

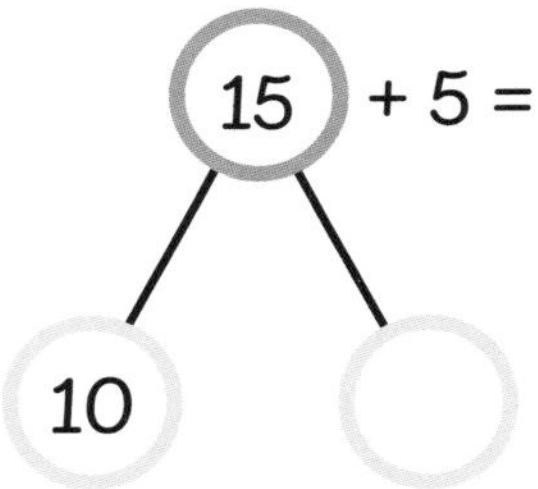

10

(4) 8 + 12 = ☐

2
10

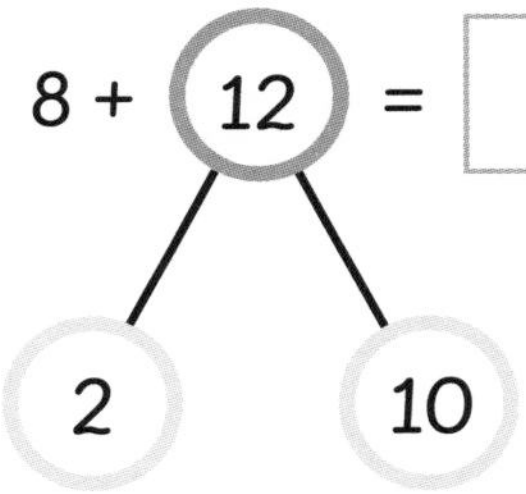

学做减法

准 备

雅各布和艾玛在学校的花园里种了16根胡萝卜，小兔子拿走了4根胡萝卜。花园里现在还剩下多少根胡萝卜？

举例

1

我可以从16
往前数4个。

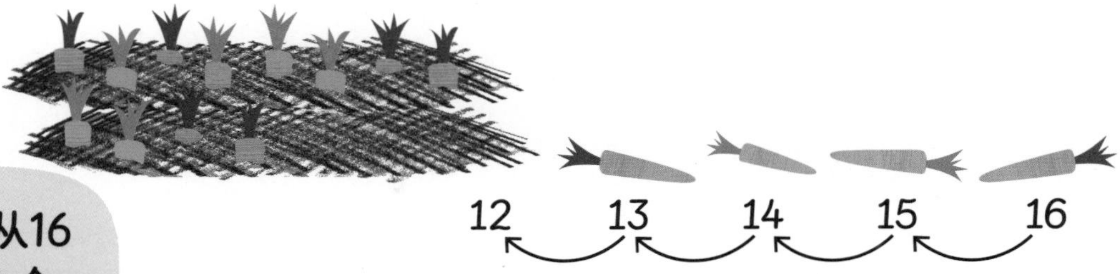

12
13
14
15
16

我能像这样做减法。

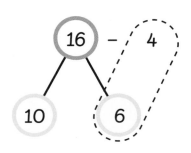

16
4
10
6

$6 - 4 = 2$

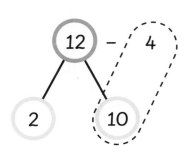

$10 + 2 = 12$

还剩下12根胡萝卜。

2

小兔子又拿走4根胡萝卜，现在花园里还剩下多少根胡萝卜？

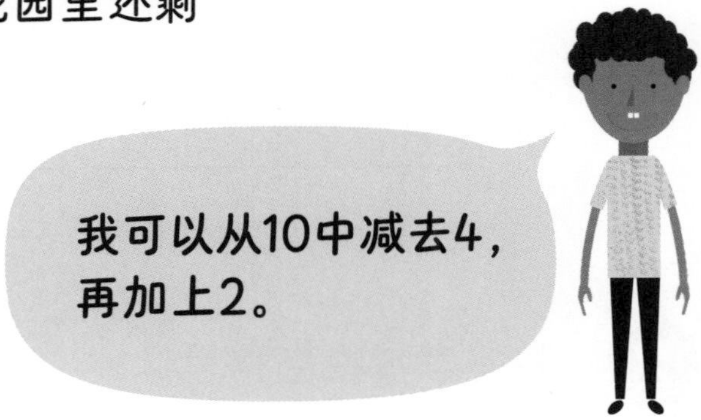

我可以从10中减去4，
再加上2。

12
4
2
10

$10 - 4 = 6$

$2 + 6 = 8$

还剩下8根胡萝卜。

1 从个位数中减去一个数，将答案填在空格里。

(1) 15 – 4 = ☐

5	6	7	8	9	10	11	12	13	14	15	16	17	18	19	20

(2) 17 – 3 = ☐

5	6	7	8	9	10	11	12	13	14	15	16	17	18	19	20

(3) 12 – 6 = ☐

5	6	7	8	9	10	11	12	13	14	15	16	17	18	19	20

(4) 14 – 7 = ☐

5	6	7	8	9	10	11	12	13	14	15	16	17	18	19	20

2 将答案填在空格里。

(1)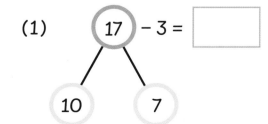

(2)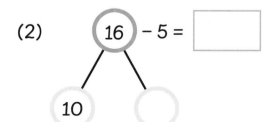

(3) 18 − 2 = □

(4) 12 − 2 = □

3 减一减，填一填。

(1) 18 − 9 = □

8　10

(2) 15 − 7 = □

5

(3) 11 − 6 = □

(4) ○ − 8 = □

2　10

4 减一减，填一填。

(1) 15 − 9 = □

(2) 19 − 8 = □

(3) 12 − 7 = □

(4) 14 − 8 = □

加减法运算

准 备

我自己想到一个加法小故事。

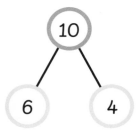

我可以想到一个减法小故事。

你能用这些数字编出更多小故事吗？

举 例

我有6个橙色纽扣和4个黄色纽扣。6 + 4 = 10，所以我一共有10个纽扣。

上午

下午

妈妈经营了一家商店，她上午卖出4瓶饮料，下午卖出6瓶饮料。4 + 6 = 10，所以妈妈一共卖出10瓶饮料。

6+4和4+6是一样的吗？

家里本来有10根香蕉，我们早餐时吃了4根香蕉。10 – 4 = 6，所以现在还剩6根香蕉。

 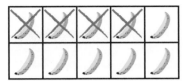

这就是一组加减法运算。

你能用同样的数再讲一个小故事吗？

$6 + 4 = 10$ $10 - 4 = 6$

$4 + 6 = 10$ $10 - 6 = 4$

练 习

1 将答案写在空格内。

(1) $7 + 5 = \boxed{}$

$\quad\ 5 + \boxed{} = 12$

$12 - 7 = \boxed{}$

$12 - \boxed{} = 7$

```
     12
    /  \
   7    5
```

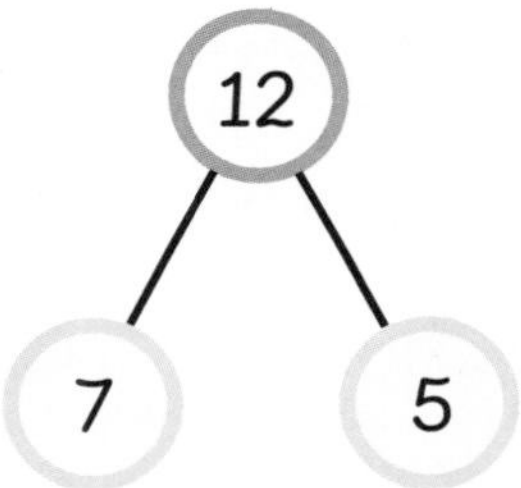

(2) $7 + 8 = \boxed{}$

$\quad\ 8 + \boxed{} = 15$

$15 - 7 = \boxed{}$

$15 - \boxed{} = 7$

```
     15
    /  \
   8    ○
```

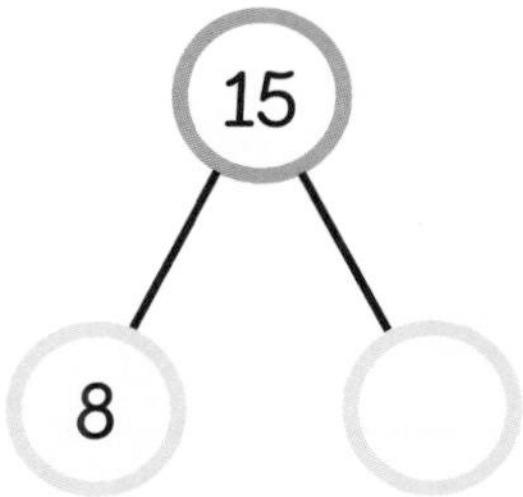

(3) $9 + 7 = \boxed{}$

$\quad \boxed{} + \boxed{} = 16$

$16 - \boxed{} = \boxed{}$

$\boxed{} - \boxed{} = 7$

```
      ○
    /  \
   ○    ○
```

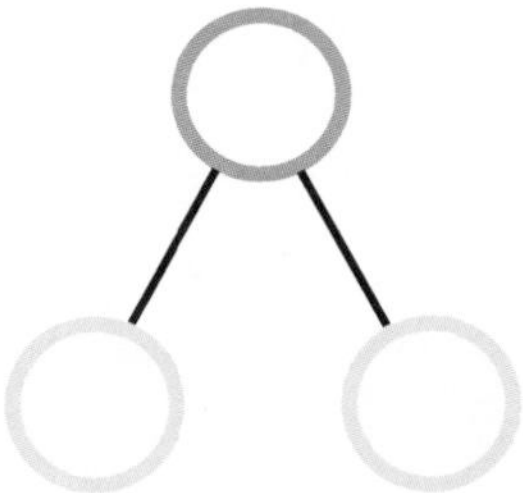

40以内计数和书写

准备

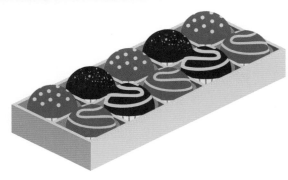

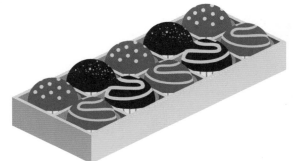

总共有多少块小蛋糕？

举例

10
20
21
22
23
24
25
26
先数有几个10，
再数有几个1。

20 + 6 = 26

2 0
6
2 6
20代表有2个10，
6代表有6个1。

22

1 参考示例，数一数有多少个点，然后填写答案。

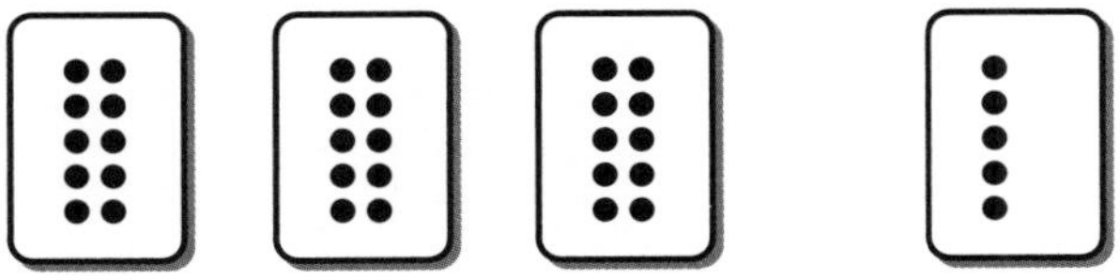

| 30 | + | 5 | = | 35 |

30   5

(1)

| | + | | = | |

20   9

(2)

(3)

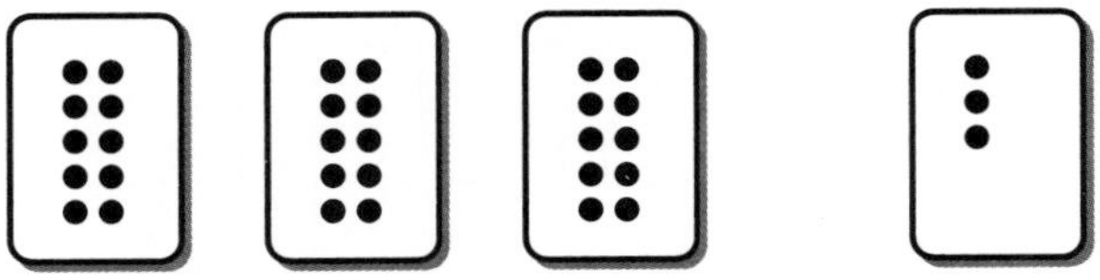

2 填写答案，并涂出相应数量的格子。

(1) 3 0 + 3 = ⬚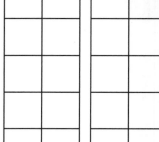

(2) 1 0 + 7 = ⬚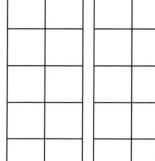

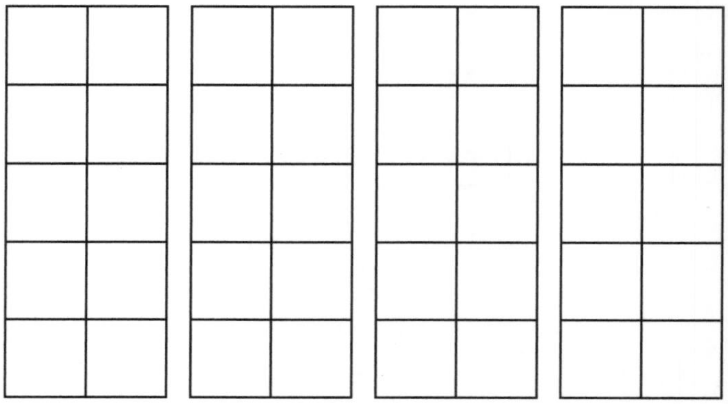

(3) 2 0 + 9 = ⬚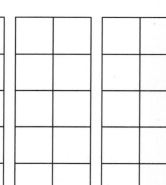

(4) 3 0 + 1 = ⬚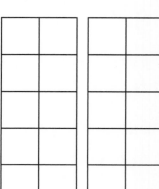

3 数一数，连一连。

以10和1为单位计数

准 备

一共有多少支蜡笔？

举 例

有2盒10支的蜡笔，
还有4支单独的蜡笔。

20   4

十位	个位
2	4

24代表2个十和4个一。

一共有24支蜡笔。

1 将答案填在空白处。

(1)

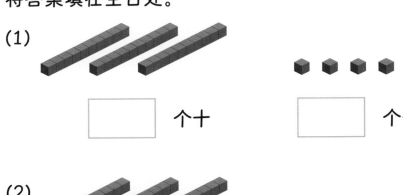

十位	个位
3	4

☐ 个十   ☐ 个一

(2)

十位	个位

☐ 个十   ☐ 个一

(3)

十位	个位

☐ 个十   ☐ 个一

(4)

十位	个位

☐ 个十   ☐ 个一

(5)

十位	个位

☐ 个十   ☐ 个一

100以内的计数

准 备

10张　10张　10张　10张

一共有多少张卡片？

举 例

有4包10张的卡片，还有7张单独的卡片。一共有47张卡片。

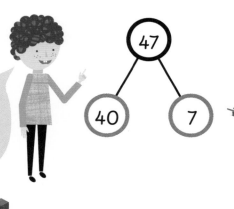

4个十和7个一组成47。

40　　　　　　7

十位	个位
4	7

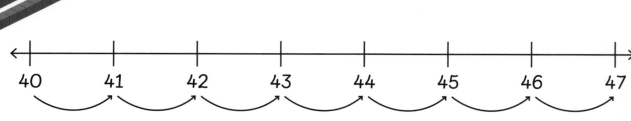

40　41　42　43　44　45　46　47

练 习

1 数一数有多少张贴纸，填空并写出数字。

	10	1	个十
	20		个十
	30		个十
	40		个十
	50		个十
	60		个十
	70		个十
	80		个十
	90		个十
	100		个十

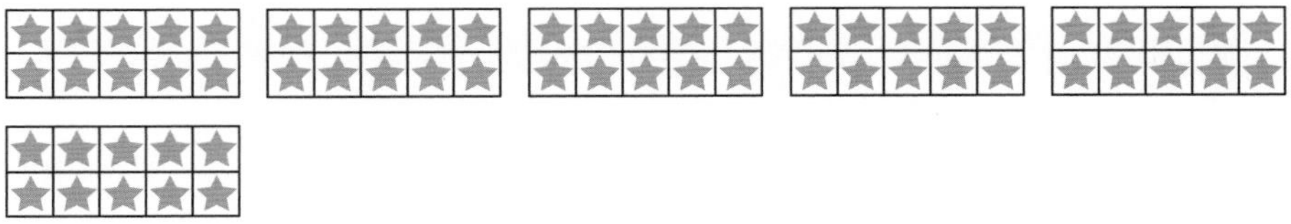

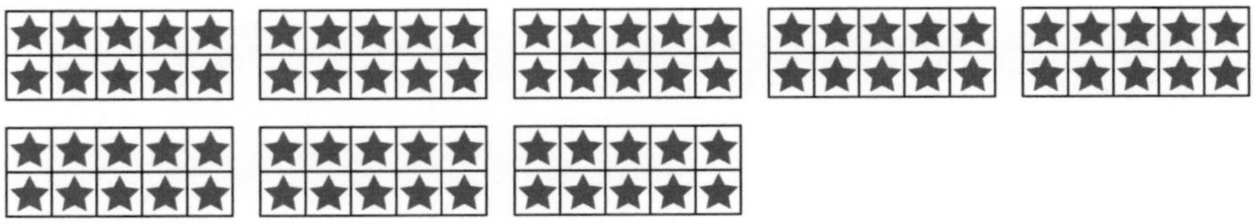

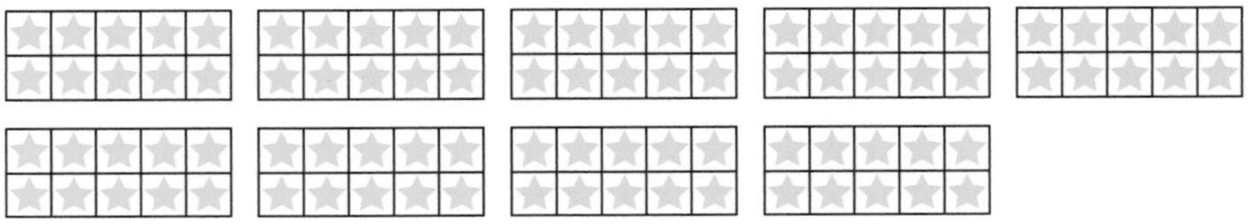

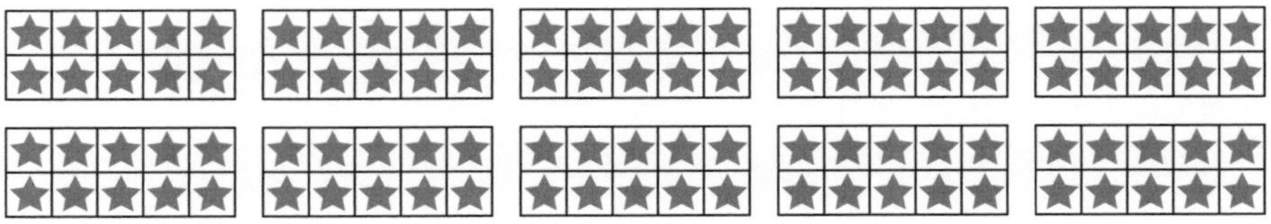

2 数一数，然后在空格内写出数字。

(1)

☐

(2)

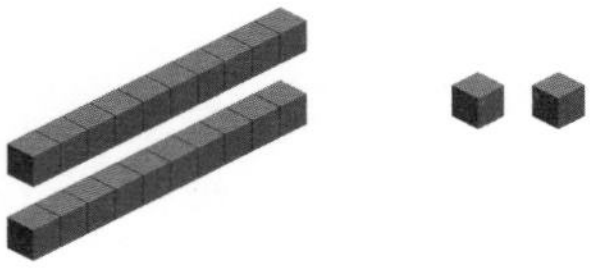

☐

(3)

☐

(4)

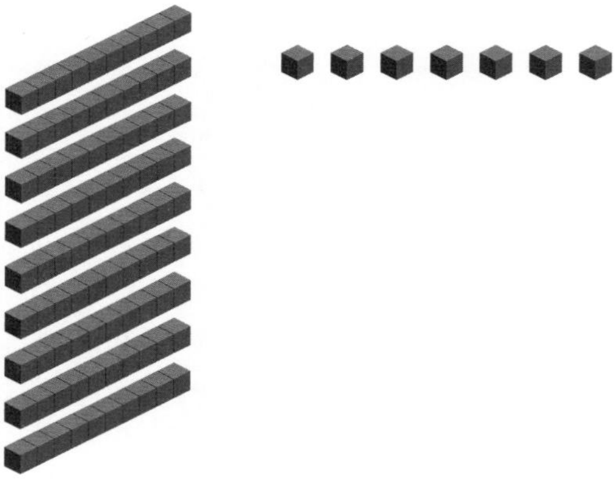

☐

(5)

☐

③ 填空并连线

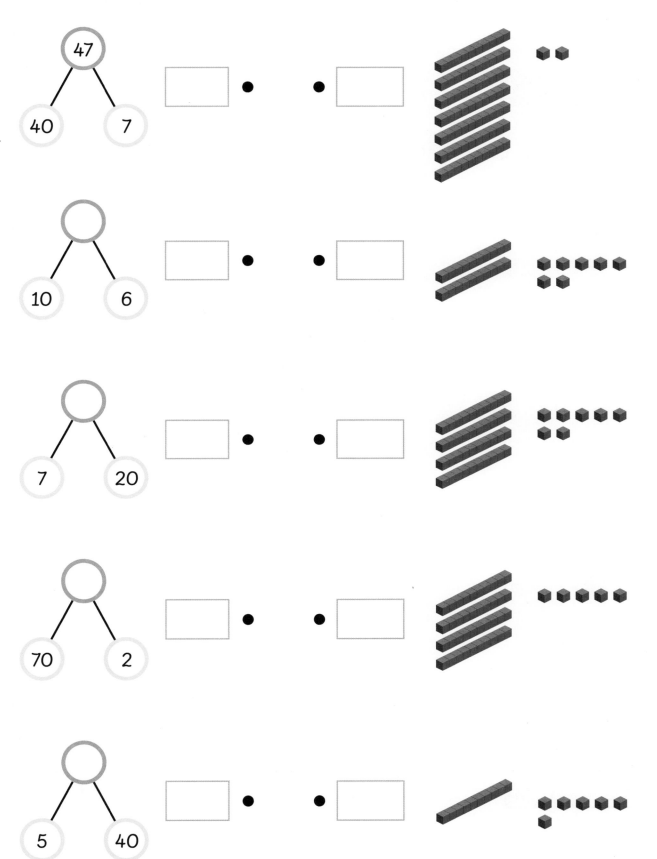

比较数的大小

准 备

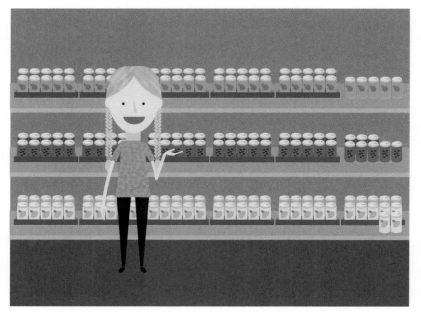

这几种饮料的数量一样吗？

举 例

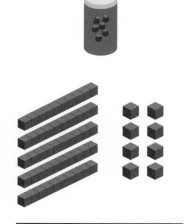

十位	个位
5	8

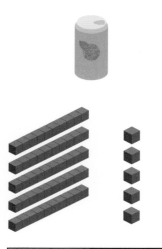

十位	个位
5	5

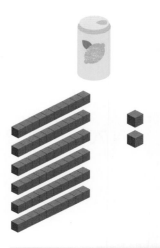

十位	个位
6	2

6个十比5个十多。62比58和55大。

柠檬饮料 比橘子饮料 多。

柠檬饮料 比葡萄饮料 多。

所以，62是最大的数。

我们先来比较十位数的大小。

55和58都有5个十。我们接下来要比较个位数的大小。

5个一比8个一少，55比58小。

橘子饮料 比葡萄饮料 少。

所以，55是最小的数。

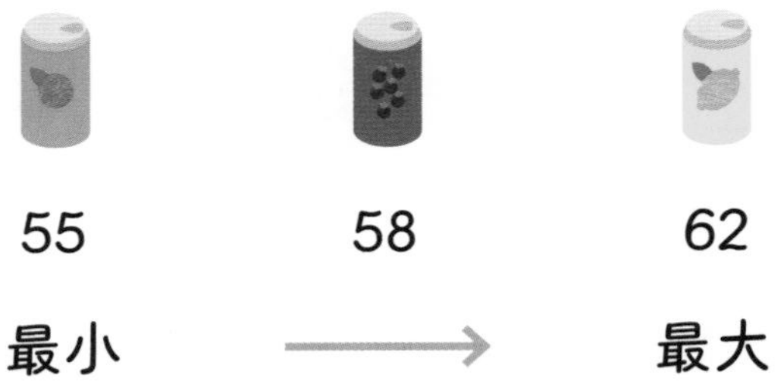

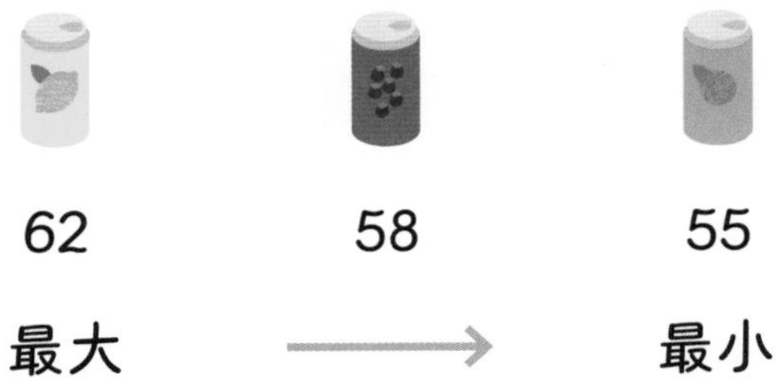

我们也可以使用数线。

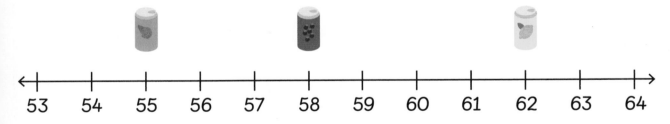

55	58	62		62	58	55
最小	→	最大		最大	→	最小

练习

1

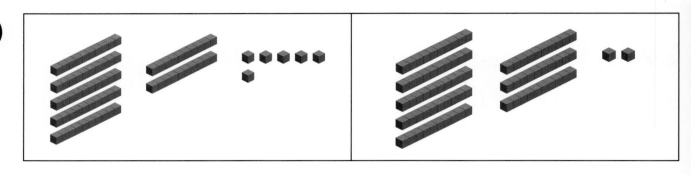

□ = □ 个十+ □ 个一 □ = □ 个十+ □ 个一

□ 比 □ 大。

□ 比 □ 小。

2

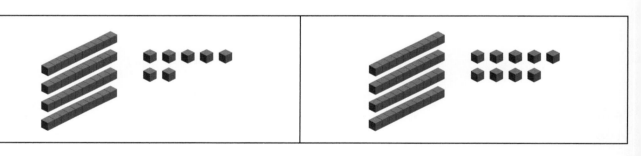

□ = □ 个十+ □ 个一 □ = □ 个十 □ 个一

□ 比 □ 大。

□ 比 □ 小。

3 圈出最小的数。

(1)
| 55 | 44 | 66 |

(2)
| 23 | 32 | 24 |

4 圈出最大的数。

(1)
| 77 | 75 | 69 |

(2)
| 57 | 65 | 56 |

5 给数字排排序，从最小的开始。

(1) 62, 41, 75　　□ 、 □ 、 □

(2) 55, 65, 64　　□ 、 □ 、 □

6 给数字排排序，从最大的开始。

(1) 40, 53, 39　　□ 、 □ 、 □

(2) 76, 66, 75　　□ 、 □ 、 □

了解数字的规律

准 备

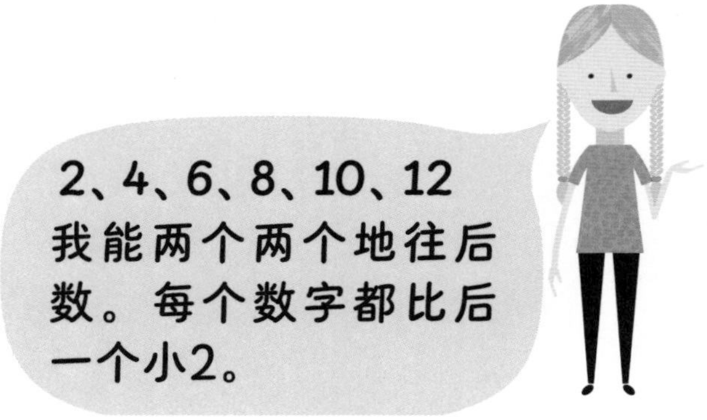

2、4、6、8、10、12
我能两个两个地往后数。每个数字都比后一个小2。

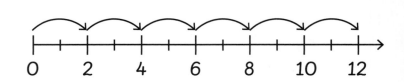

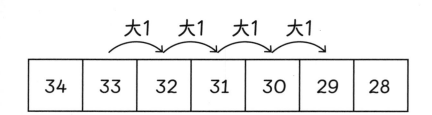

34	33	32	31	30	29	28

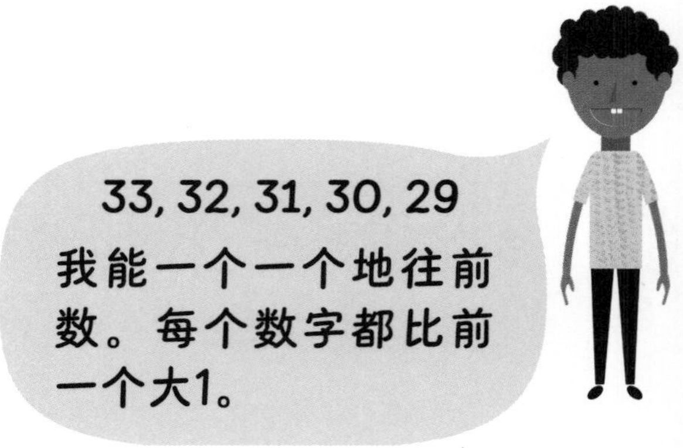

33, 32, 31, 30, 29
我能一个一个地往前数。每个数字都比前一个大1。

你还知道哪些数数的规律呢？

36

举 例

我能将数字列在数线上。
这样就能发现数字的规律了。

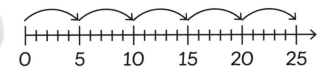

我可以五个五个地往后数。也能将它们列在数格上。

1	2	3	4	5	6	7	8	9	10
11	12	13	14	15	16	17	18	19	20
21	22	23	24	25	26	27	28	29	30

21	22	23	24	25	26	27	28	29	30
31	32	33	34	35	36	37	38	39	40
41	42	43	44	45	46	47	48	49	50
51	52	53	54	55	56	57	58	59	60

两个两个地数也可以形成数字规律。

这就是数字的规律。

1 先将缺少的数字补齐。

然后两个两个地数，把相应的数字涂上黄色。

五个五个地数，把相应的数字涂上蓝色。

第一行已经帮你填好了。

这是1到100的数字表。

1	2	3	4	5	6	7	8	9	10
11	12	13		15	16	17	18	19	20
21	22	23	24	25	26	27	28	29	
31	32		34	35	36		38	39	40
41	42	43	44	45	46	47	48	49	50
51	52	53	54	55	56	57	58	59	60
61	62	63		65	66	67	68	69	70
71	72		74	75	76	77	78	79	80
81	82	83	84	85	86	87	88	89	90
91	92	93	94	95	96		98	99	100

2 哪些数字又是黄色又是蓝色？

☐ , ☐ , ☐ , ☐ , ☐ ,

☐ , ☐ , ☐ , ☐ , ☐

3 找规律，在空格内填上合适的数。

(1) 79, 80, 81, ____ , 83, 84

(2) 20, 22, 24, 26, ____ , 30

(3) ____ , 97, 98, 99, 100

(4) 10, 15, 20、 ____ , 30, 35

(5) 76, 75, 74, ____ , 72

(6) ____ , 80, 82, 84

4 将答案填在空格内。

(1) 比17大2的数是 ____ 。

(2) 比18小1的数是 ____ 。

(3) 比89大1的数是 ____ 。

(4) ____ 比20大5。

(5) 比40小1的数是 ____ 。

回顾与挑战

1 填一填，连一连。

比15多5 [ ] 。 ●   ● 十四

比12少1 [ ] 。 ●   ● 十二

比13多1 [ ] 。 ●   ● 十五

比10多5 [ ] 。 ●   ● 十八

比13少1 [ ] 。 ●   ● 十六

比20少2 [ ] 。 ●   ● 二十

比14多2 [ ] 。 ●   ● 十七

比20少1 [ ] 。 ●   ● 十一

比16多1 [ ] 。 ●   ● 十三

比12多1 [ ] 。 ●   ● 十九

❷ 按照从大到小的顺序给数字排排队。

(1) 12　14　11

□　□　□

(2) 30　27　32

□　□　□

(3) 60　54　53

□　□　□

❸ 按照从小到大的顺序给数字排排队。

(1) 14　18　11

□　□　□

(2) 32　27　19

□　□　□

(3) 96　87　88

□　□　□

❹ 填空

(1) 53, 52, 51, □, 49

(2) □, □, 17, 18

(3) □, □, 18, 17, 16

(4) □, 97, 98, 99, □

(5) □ 比49大1

(6) □ 比60小1

5 从前往后数一数，加一加。

1	2	3	4	5	6	7	8	9	10
11	12	13	14	15	16	17	18	19	20

(1) 2 + 8 = ☐　　(2) 9 + 5 = ☐

(3) 16 + 3 = ☐　　(4) 2 + 17 = ☐

6 凑出10，加一加。

(1)

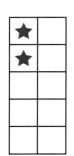

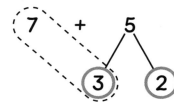

7 + 5 = ☐ + ☐ = ☐

(2)

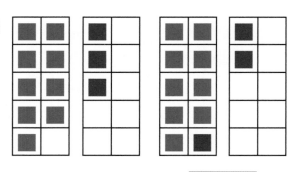

9 + 3 = ☐

(3)

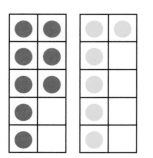

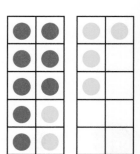

8 + ☐ = ☐

7 把个位数字相加，然后填空。

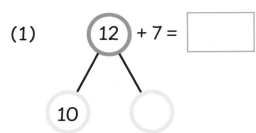

(1) 12 + 7 = □

12 → 10, □

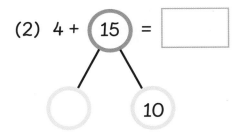

(2) 4 + 15 = □

15 → □, 10

8 可以借助数格从后往前数一数，减一减。

(1) 13 − 3 = □

5	6	7	8	9	10	11	12	13	14	15	16	17	18	19	20

(2) 15 − 8 = □

5	6	7	8	9	10	11	12	13	14	15	16	17	18	19	20

9 把个位数字相减，然后将答案填在空格内。

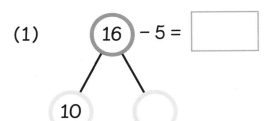

(1) 16 − 5 = □

16 → 10, □

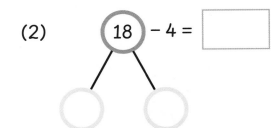

(2) 18 − 4 = □

18 → □, □

10 把十位数字相加，然后将答案填在空格内。

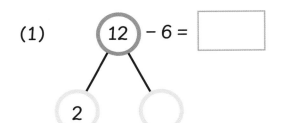

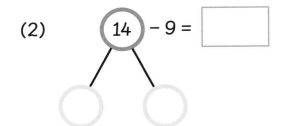

(1) 12 − 6 = □

12 → 2, □

(2) 14 − 9 = □

14 → □, □

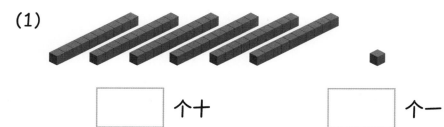

11 填空

(1)

☐ 个十　　　☐ 个一

十位	个位
☐	☐

(2)

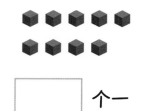

☐ 个十　　　☐ 个一

十位	个位
☐	☐

(3)

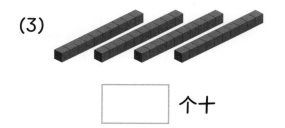

☐ 个十　　　☐ 个一

十位	个位
☐	☐

(4)

☐ 个十　　　☐ 个一

十位	个位
☐	☐

12 填一填，连一连。

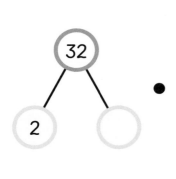

比20多5

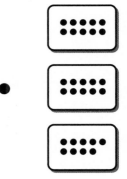

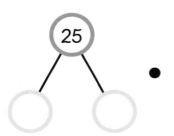

比30少1

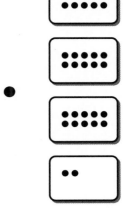

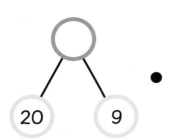

比30多2

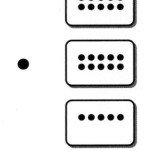

参考答案

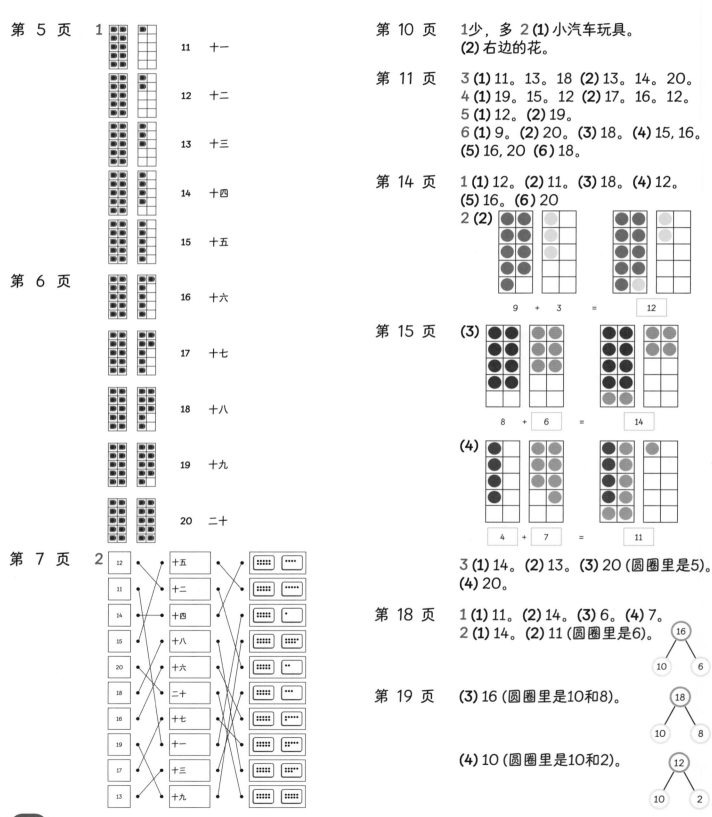

第 5 页 1

11 十一
12 十二
13 十三
14 十四
15 十五

第 6 页

16 十六
17 十七
18 十八
19 十九
20 二十

第 7 页 2

12
11
14
15
20
18
16
19
17
13

十五
十二
十四
十八
十六
二十
十七
十一
十三
十九

第 10 页 1少，多 2 (1) 小汽车玩具。
(2) 右边的花。

第 11 页 3 (1) 11。 13。 18 (2) 13。 14。 20。
4 (1) 19。 15。 12 (2) 17。 16。 12。
5 (1) 12。 (2) 19。
6 (1) 9。 (2) 20。 (3) 18。 (4) 15, 16。
(5) 16, 20 (6) 18。

第 14 页 1 (1) 12。 (2) 11。 (3) 18。 (4) 12。
(5) 16。 (6) 20
2 (2)

9 + 3 = 12

第 15 页 (3)

8 + 6 = 14

(4)

4 + 7 = 11

3 (1) 14。 (2) 13。 (3) 20 (圆圈里是5)。
(4) 20。

第 18 页 1 (1) 11。 (2) 14。 (3) 6。 (4) 7。
2 (1) 14。 (2) 11 (圆圈里是6)。

16
10 6

第 19 页 (3) 16 (圆圈里是10和8)。

18
10 8

(4) 10 (圆圈里是10和2)。

12
10 2

3 **(1)** 9。 **(2)** 8 (圆圈里是10)。

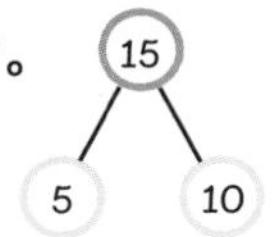

(3) 5 (圆圈里是10和1)。

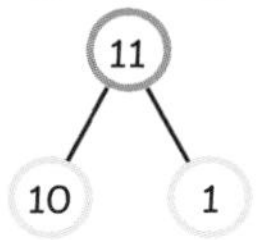

(4) 4 (圆圈里是12)。

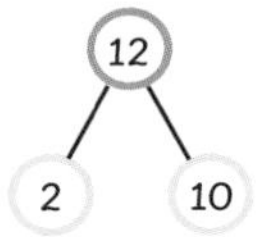

4 **(1)** 6 (圆圈里是10和5)。

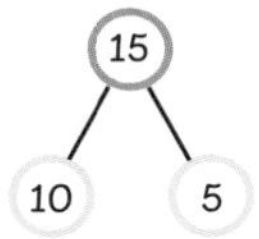

(2) 11 (圆圈里是10和9)。

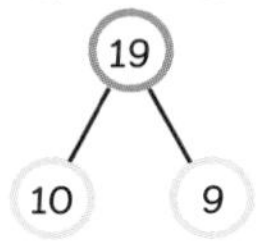

(3) 5 (圆圈里是10和2)。

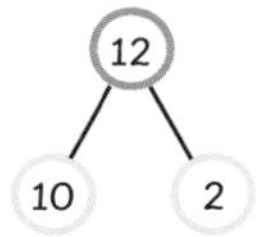

(4) 6 (圆圈里是10和4)。

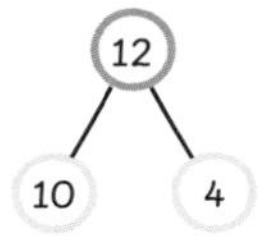

第 21 页　　**1 (1)** 7 + 5 = 12, 5 + 7 = 12, 12 − 7 = 5, 12 − 5 = 7。 **(2)** 7 + 8 = 15, 8 + 7 = 15, 15 − 7 = 8, 15 − 8 = 7。 **(3)** 9 + 7 = 16, 7 + 9 = 16, 16 − 7 = 9, 16 − 9 = 7。

第 23 页　　**1 (1)** 20 + 9 = 29。 **(2)** 10 + 8 = 18。 **(3)** 30 + 3 = 33。

第 24 页　　**2 (1)** 30 + 3 = 33
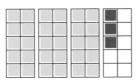

(2) 10 + 7 = 17
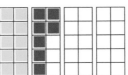

(3) 20 + 9 = 29
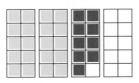

(4) 30 + 1 = 31
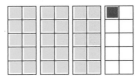

第 25 页　　**3**
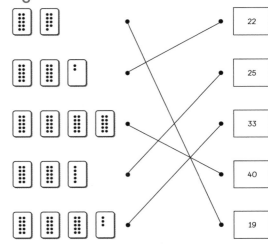

第 27 页　　**1(1)** 3个十，4个一。
(2) 3个十，5个一，35。
(3) 3个十，1个一，31。
(4) 2个十，8个一，28。
(5) 4个十，0个一，40。

第 29 页　　1，2，3，4，5，6，7，8，9，10。

第 30 页　　**2 (1)** 19。 **(2)** 22。 **(3)** 100。 **(4)** 97。
(5) 50。

第 31 页　　**3**
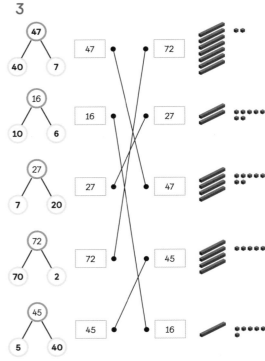

第 34 页　　**1** 76＝7个十和6个一，82＝8个十和2个一，82比76大，76比82小。
2 47＝4个十和7个一，49＝4个十和9个一，49比47大，47比49小。

第 35 页　3 **(1)** 44。 **(2)** 23。
4 **(1)** 77。 **(2)** 65。
5 **(1)** 41, 62, 75。 **(2)** 55, 64, 65。
6 **(1)** 53, 40, 39。 **(2)** 76, 75, 66。

第 38 页　1

1	2	3	4	5	6	7	8	9	10
11	12	13	14	15	16	17	18	19	20
21	22	23	24	25	26	27	28	29	30
31	32	33	34	35	36	37	38	39	40
41	42	43	44	45	46	47	48	49	50
51	52	53	54	55	56	57	58	59	60
61	62	63	64	65	66	67	68	69	70
71	72	73	74	75	76	77	78	79	80
81	82	83	84	85	86	87	88	89	90
91	92	93	94	95	96	97	98	99	100

2 10, 20, 30, 40, 50, 60, 70, 80,
90, 100。

第 39 页　3 **(1)** 82。 **(2)** 28。 **(3)** 96。 **(4)** 25。
(5) 73。 **(6)** 78。
4 **(1)** 19。 **(2)** 17。 **(3)** 90。 **(4)** 25。
(5) 39。

第 40 页　1

比15多5	20	—————	十四
比12少1	11	—————	十二
比13多1	14	—————	十五
比10多5	15	—————	十八
比13少1	12	—————	十六
比20少2	18	—————	二十
比14多2	16	—————	十七
比20少1	19	—————	十一
比16多1	17	—————	十三
比12多1	13	—————	十九

第 41 页　2 **(1)** 14, 12, 11。 **(2)** 32, 30, 27。
(3) 60, 54, 53。
3 **(1)** 11, 14, 18。 **(2)** 19, 27, 32。
(3) 87, 88, 96。
4 **(1)** 50。 **(2)** 15, 16。 **(3)** 20, 19。
(4) 96, 100。 **(5)** 50。 **(6)** 59。

第 42 页　5 **(1)** 10。 **(2)** 14。 **(3)** 19。 **(4)** 19。
6 **(1)** 10 + 2 = 12。 **(2)** 9 + 3 = 12。
(3) 8 + 6 = 14。

第 43 页　7 **(1)** (12) + 7 = [19]　**(2)** 4 + (15) = [19]
　　　　10　2　　　　　　　5　10

8 **(1)** 10。 **(2)** 7。

9 **(1)** (16) − 5 = [11]　**(2)** (18) − 4 = [14]
　　　　10　6　　　　　　　10　8

10 **(1)** (12) − 6 = [6]　**(2)** (14) − 9 = [5]
　　　　2　10　　　　　　　10　4

第 44 页　11 **(1)** 6个十，1个一，61。
(2) 2个十，9个一，29。
(3) 4个十，0个一，40。
(4) 8个十，9个一，89。

第 45 页　12　(32)
　　　　2　30
　　　　(25)　　　比20多5
　　　　5　20
　　　　(29)　　　比30少1
　　　　20　9　　　比30多2

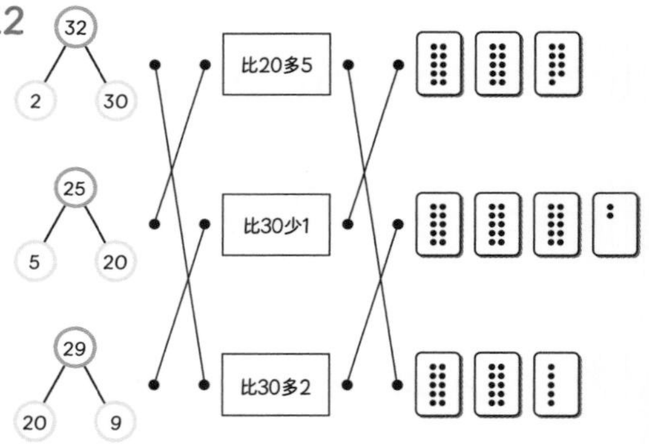